生命演化中的基因智慧

王友华　崔　艳　刘　博◎著

猫　九◎绘

科学普及出版社

·北　京·

传　奇

生命本就是浩瀚宇宙中的一首传奇之歌！在宇宙形成的漫长历程中，宇宙大爆炸、恒星核聚变和超新星爆炸产生了诸多元素，其中碳、氢、氧、氮、磷、硫等元素为有机物的产生创造了前提条件。经过前生物演化，在约40亿年前，在地球这颗注定不再普通的星球上形成了最原始的生物系统，生命诞生了，从此宇宙不再寂寞，一切的存在和湮灭都有了意义。

生物学的演化起点是只具有原始细胞结构的生命，一些能够适应当时极端环境的古细菌和甲烷菌成为地球最古老的生命，它们结构简单，种类和数量也极其有限。随着时间的推移和生命对环境的适应与演化，生命之花开始在地球的每个角落绽放。沧海桑田、斗转星移，从单细胞到多细胞、从微生物到动植物，新生命不断出现，缤纷多元的自然万物陆续丰饶地展现。它们让海洋有了活力，让陆地萌发了蓬勃生机。

探索生命的奥秘一直是人类孜孜不倦的追求，从古至今，人们对于生命总是充满好奇：生命这首传奇之歌的前奏是如何奏起的？地球环境这曲乐章是如何从原始的单音演变成为如今的恢宏交响的？作为生命最基本的遗传物质的基因，其变化和迁移又如何给生命体带来了奇妙的变化和多样性？人类如何借鉴基因的神奇变化来改变生活，未来又将会创造哪些不可估量的成就？

如果把自然界的各类生命比作一部部机器，基因就像是推动机器有序运行的程序，指导着各种生物按照一定的轨迹生长。走近基因，才能发现基因的千变万化；解读基因，才能了解基因智慧在生命世界里发挥的形形色色的功能。

作者奉献在此的，就是这样一部关于基因的简史，期待着一个个精彩的故事能带你领略基因的智慧与生命的斑斓色彩，为你提供一条探索和发展基因科学的路径。

让科学，如展望之眼，如体会之光，追溯过去，遥想未来。

让生命，展科学之翼，续写传奇！

中国科学院院士
中国农业科学院作物研究所所长

国家杰出青年科学基金获得者
中国农业科学院生物技术研究所首席科学家

目 录

生机盎然的星球

在浩瀚、璀璨的银河系中，旋转着一颗美丽的蓝色星球——地球。与其他亿万颗亘古寂寞的星球相比，因为有了生命，所以这颗原本普通的星球在宇宙中有了独一无二的意义。在平原高山、江湖海洋、沙漠绿洲，生命遍布在这个星球的每一个角落，种类繁多的植物——花草树木、形态多样的动物——虫鱼鸟兽，以及纤细难辨的微生物——细菌病毒，共同在奔流的时间长河中繁衍生息，构成了地球生机盎然的生物世界。

生命起源于约40亿年前，在温暖深邃的海洋中，从一个单细胞开始，地球生命诞生了，并开启了漫长的进化之旅。地球打破了孤寂，开始变得丰饶而美丽。

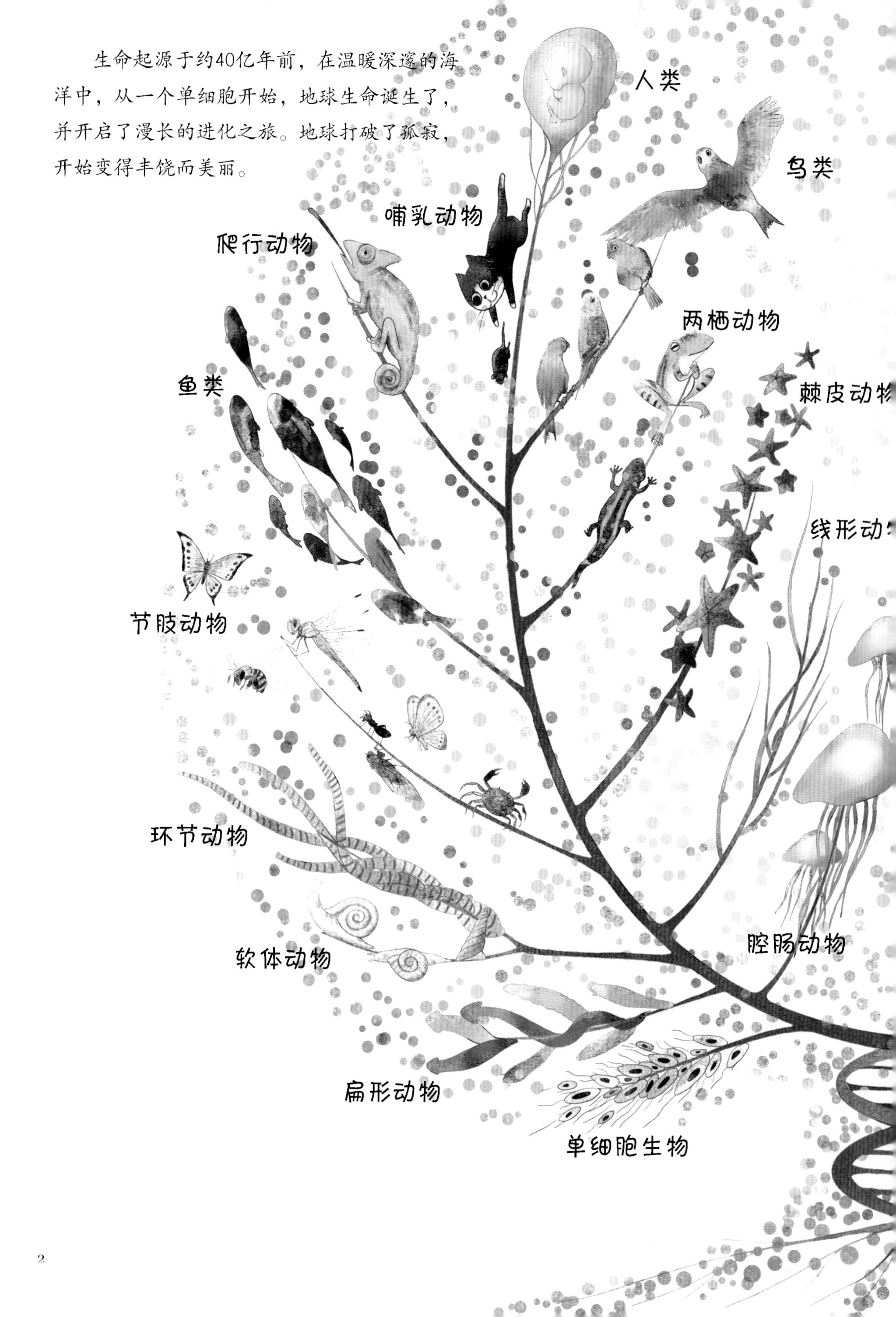

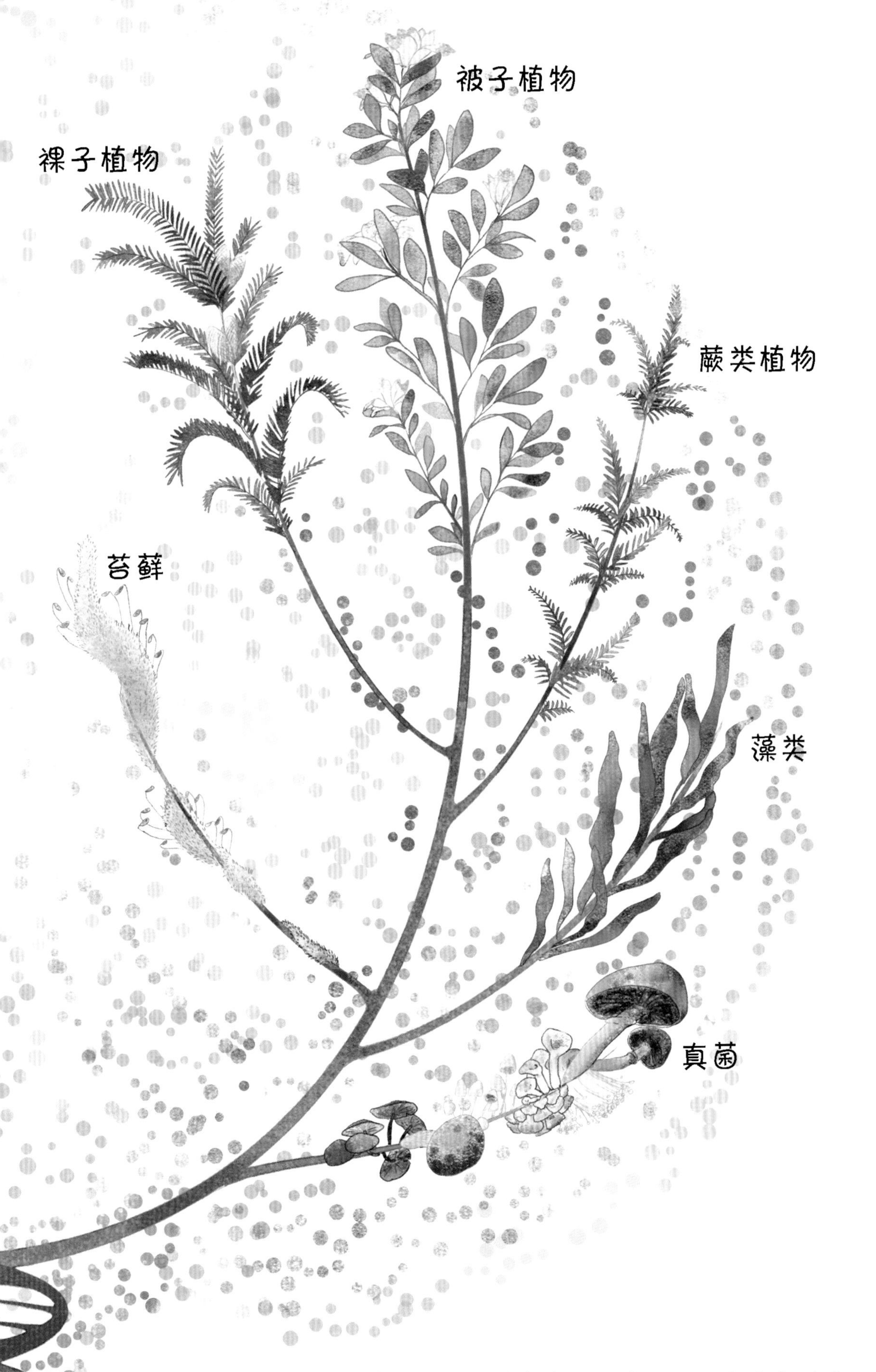

看看生命进化树纷繁复杂的路线——人类能走到最后，还真不容易哩！在这个从简单到复杂、从低等到高等的进化过程中，基因发挥了重要的作用。

什么？全家福里居然没有我！

我在哪儿？

病毒，是微生物大家庭的成员之一，本以为自己是地球生命的老祖宗，在地球生物大家庭中必定备受推崇，但现实却并不如它意。此刻，如果给地球上的生命体拍张全家福，大名鼎鼎的病毒就颇为尴尬了，全家福里居然没有它。因为生命的基本单位是细胞，病毒没有细胞，不能独立生活、生长和繁殖，必须寄生在其他生命体上才能存活，所以，它甚至不能算是生命体，这样的它唯有望全家福而兴叹了。

然而，这个在生命进化树上找不到位置的家伙，却在自然界中无处不在，甚至对进化树顶端的人类构成了极大威胁。1918年，一场由流感病毒引发的全球大流感，就夺走了约5000万人的生命。

但是，病毒也不总是以杀手的面目出现，它和我们人类之间还有着一段“你中有我，我中有你”的故事：在人类的基因组中，有十几个基因片段来自病毒。人类的老祖先——早期哺乳动物正是在病毒基因的“侵袭”下才逐渐形成了胎盘，而胎盘成了人类宝宝在妈妈肚子里抵御外来疾病的屏障。

如果没有病毒的存在，我们人类也许会是另一番面貌呢！人类与病毒的“相爱相杀”依然会延续下去，这段“无尽的纠葛”让我们深切体会到生命的复杂与神奇。

我只是，忘了回家……
如果病毒怎样……人类会怎样……我老人家倒不敢肯定。我能肯定的是，4亿年前，如果不是我贪玩儿忘了回家，那地球上的生命故事就要改写喽！想当年，我从海里登上陆地的那一刻，真是——英姿飒爽！
绿藻

4亿年前，一滩软趴趴的……哦不，英姿飒爽的绿藻，被海水冲到岸边，没有赶上退潮时回归大海的怀抱，也因此摆脱了水环境的束缚，走向陆地这个全新的世界。

以前可以舒服地漂浮在海水中，现在却要学会挺立在空气中；以前可以随时随地获得水分，现在却要想尽办法从地下找水喝……在登陆“英雄”的面前，是一个又一个生存难题。

活下去！为了生存，踏上陆地的植物开启了一场由内而外的自我革新。登陆植物中演化出一类特异的基因——NAC类基因。这类基因不断进化，也不断为植物带来新的“技能包”——维管系统让植物能够挺直腰杆“直立”起来，并学会用根茎汲取水分，解决了登陆后“直立”和“喝水”的难题。到了现在，NAC类基因的不同成员甚至能让植物解锁抵抗干旱、高盐、低温、病毒的“强身健体”新技能，不得不说，基因的力量真是强大啊！

耐旱
抗寒
抗病
耐盐

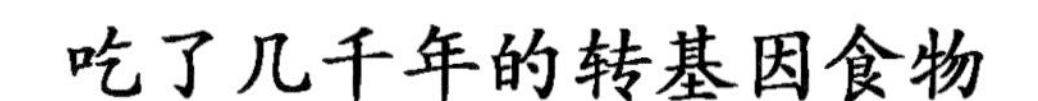

吃了几千年的转基因食物

听到“转基因”这个字眼，你的脑海中是不是浮现出实验室中的一排排玻璃试管和试剂？其实，转基因并不是“人工”的代名词，最早的转基因食物恰恰是诞生在大自然中的，甘薯就是其中之一，这甘甜可口的转基因食物，人类已经吃了几千年呢。

什么？你不相信甘薯是天然的转基因作物？有据为证：科学家对来自亚洲、北美洲、南美洲和非洲等地的200多个甘薯品种进行研究后发现，所有的甘薯品种都含有农杆菌的基因！

不死神虫——水熊虫

回想那棵渐次繁茂的生命之树，生物的每一次进化，都伴随着基因的改变，而这样的变化，也让生命之树越发美丽繁盛。

认识了基因在植物变迁中点“食”成金的魔法，现在，让我们再来一起领略基因在动物世界搅动风云的魄力吧！水熊虫，听听这名字，多霸气！它还有一个更霸气的绰号——“地球最强生物”。不过，你可能想象不到，这么强大的生物却只有一毫米左右大，我们需要用显微镜才能看到它。别看它个头儿小，本领可不小。水熊虫大家族几乎遍布地球的每一个角落，从热闹的居民区到几乎没有人类足迹的南极洲，从幽深的海洋到炎热的沙漠，甚至在严酷的太空环境下都有它们的身影。

本领1：超强适应能力

无论是身处极热、极寒还是高压、高辐射的环境里，水熊虫都能安居乐业，享受“虫”生。

本领2：独具重生技能

即便水熊虫风干脱水很长时间，只要给它泡上些水，它就又能满血复活，“虫”归江湖。

本领3：“无视星空”防御能力

2007年，科学家用火箭把水熊虫送往太空，身处真空环境与太阳辐照的双重严酷条件下，水熊虫仍然能够存活，甚至很多雌性水熊虫还能在太空产卵，生出健康的幼虫。不死神虫，实至名归！

水熊虫的不死绝技是怎么练成的呢？原来，它们体内近五分之一的基因来自其他远古物种，这些数亿年里“练就”的基因，不仅成为远古物种应对恶劣环境的“护体神功”，也潜移默化地培养出了水熊虫这种不死神虫。

水平基因转移大法

水平基因转移，也就是遗传物质在不同物种之间进行交换。

既然水熊虫能够从其他生物身上“偷取”续命基因，那人类是不是也可以从它那里学习不死绝技呢？是的！科学家已经在行动了。他们利用水熊虫的基因解决了很多问题，比如降低疫苗的成本，在室温下保持疫苗的活性，无需借助冷链也能把疫苗更便捷地运到偏远的地区。看，小小的水熊虫也能做出大大的贡献，“不死神虫”再建奇功！

种瓜得瓜，种豆得……

绿藻、甘薯、水熊虫的故事，只是自然之书的几个片段。大千世界中的亿万物种，在地球数十亿年的生命演化过程中，写下了更多精彩的篇章。基因是承载生命信息的最基本的遗传物质，正是它的改变和迁移，给生命体带来无穷变化。讲述基因的故事，要从约翰·孟德尔说起，这位在世时默默无闻的奥地利科学家，从1854年开始，历经八年，通过用豌豆设计的一系列遗传学杂交试验，发现了承载植物遗传使命的遗传因子（如今被称为“基因”），并揭示出遗传学的两个基本定律——分离定律和自由组合定律，为遗传学的诞生和发展奠定了坚实的基础。

俗话说“种瓜得瓜，种豆得豆”，让我们来看看孟德尔是怎样通过种豆试验发现遗传规律的。这个影响现代生物学的伟大科学进展，不仅让人们知道“种豆不止得豆”，也让基因从此显现于世。

19世纪60年代，在进行了八年豌豆试验后，孟德尔终于迎来了激动人心的一刻：遗传之谜的谜底即将揭晓。

将黄黄圆圆的豌豆与绿绿皱皱的豌豆杂交，会得到新的黄黄圆圆的豌豆。将新的黄黄圆圆的豌豆自交，会得到四种豌豆：黄黄圆圆的、绿绿圆圆的、黄黄皱皱的、绿绿皱皱的，它们的比例是9：3：3：1。

孟德尔的重大发现在当时并没有获得认可，甚至有不少人认为他得出的结论是错误的。直到30多年后，他的发现被欧洲三位不同国籍的植物学家在各自的豌豆杂交试验中分别予以证实，他的研究才逐渐被人们理解和接受。从此，遗传学进入了孟德尔时代，孟德尔也因此被称为“遗传学之父”。

“种瓜得瓜，种豆得豆”，这是物种特有的遗传机制，遗传物质和物种特征从上一代传至下一代，使物种得以延续。例如，不同人种在五官、肤色、发色等方面存在明显差异，而且这种差异会代代延续。

那么，支持这种神秘遗传现象的物质基础是什么呢？它就是几乎所有生命体中普遍存在的物质——核酸，核酸通常不单独存在，而是和特殊的蛋白质一起组成我们熟知的**染色体**。人类的全部遗传信息，就蕴藏在我们用肉眼无法看见的、微小的23对染色体中。

小小基因造福人类

“我是谁？我从哪里来？”这是困扰人类千万年的谜题，随着基因的解密，人们终于开始触及生命的本质。人类成为地球生命演化历程中基因智慧的“集大成者”，不仅探知了基因的奥秘，还逐渐学会了利用基因治疗疾病、改善环境，让小小的基因在生产和生活中发挥出巨大的作用。

随着科技的进步，即便有天灾、战争、环境污染等问题，人类的寿命却呈现出持续延长的趋势。该怎样向无辜而困惑的原始人类解释呢？是什么护佑了人类的健康，让现代人的寿命远超先民呢？答案之一是青霉素。

青霉素的诞生，源自一场实验事故。

1928年的夏天特别闷热，英国细菌学家亚历山大·弗莱明没有收拾好自己杂乱无章的实验室就去度假了，这是他多年科研生涯中的第一次，然而这次“疏漏”却给了他，也给了世界一份意外的惊喜。结束假期的他回到实验室，发现用于培养金黄色葡萄球菌——“金妖精”的培养皿长满了霉菌。他并没有轻率地扔掉这个培养皿，而是好奇地观察起来。

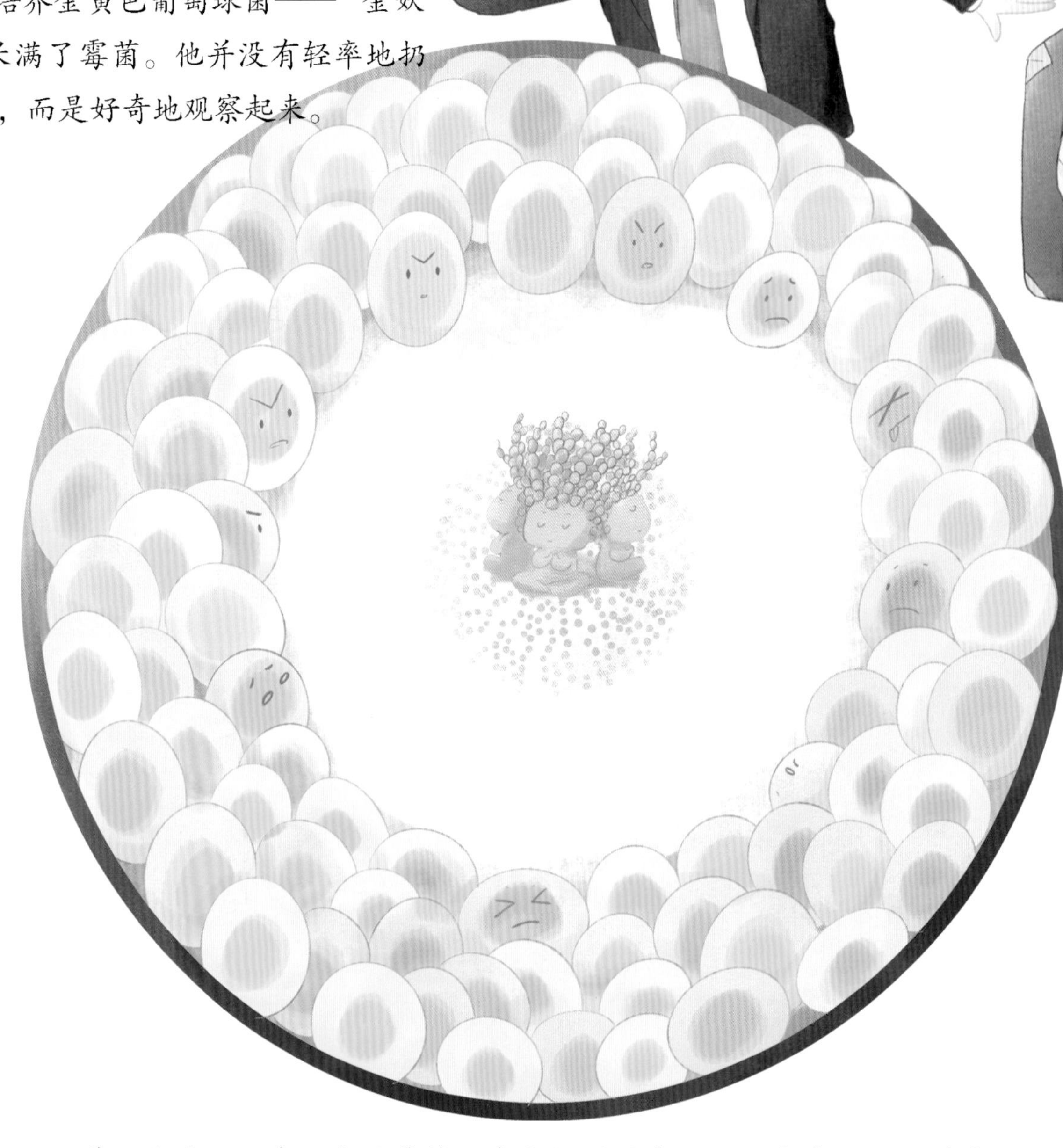

弗莱明发现，培养皿中出现了青绿色的霉菌，在它们周围出现了一个空环，之前生长旺盛的“金妖精”不见了！难道“金妖精”被这种霉菌杀死了吗？

弗莱明把青绿色霉菌分离出来，然后把它滴到“金妖精”中去。结果，他发现“金妖精”全部死了，而且“金妖精”每次和青绿色霉菌“短兵相接”之前，都会“望而却步”——在青绿色霉菌前“安营扎寨”，保持距离。这种青绿色霉菌就是青霉菌，弗莱明从青霉菌中提纯出一种能克制细菌的物质，并把它命名为“青霉素”。

青霉素克敌制胜的必杀技，是由三个特殊基因构成的基因簇。这个基因簇会破坏“金妖精”等致病菌的细胞壁，让大量水分渗入它们的细胞中，使致病菌的细胞被迫“喝”大量水而被“撑”死。

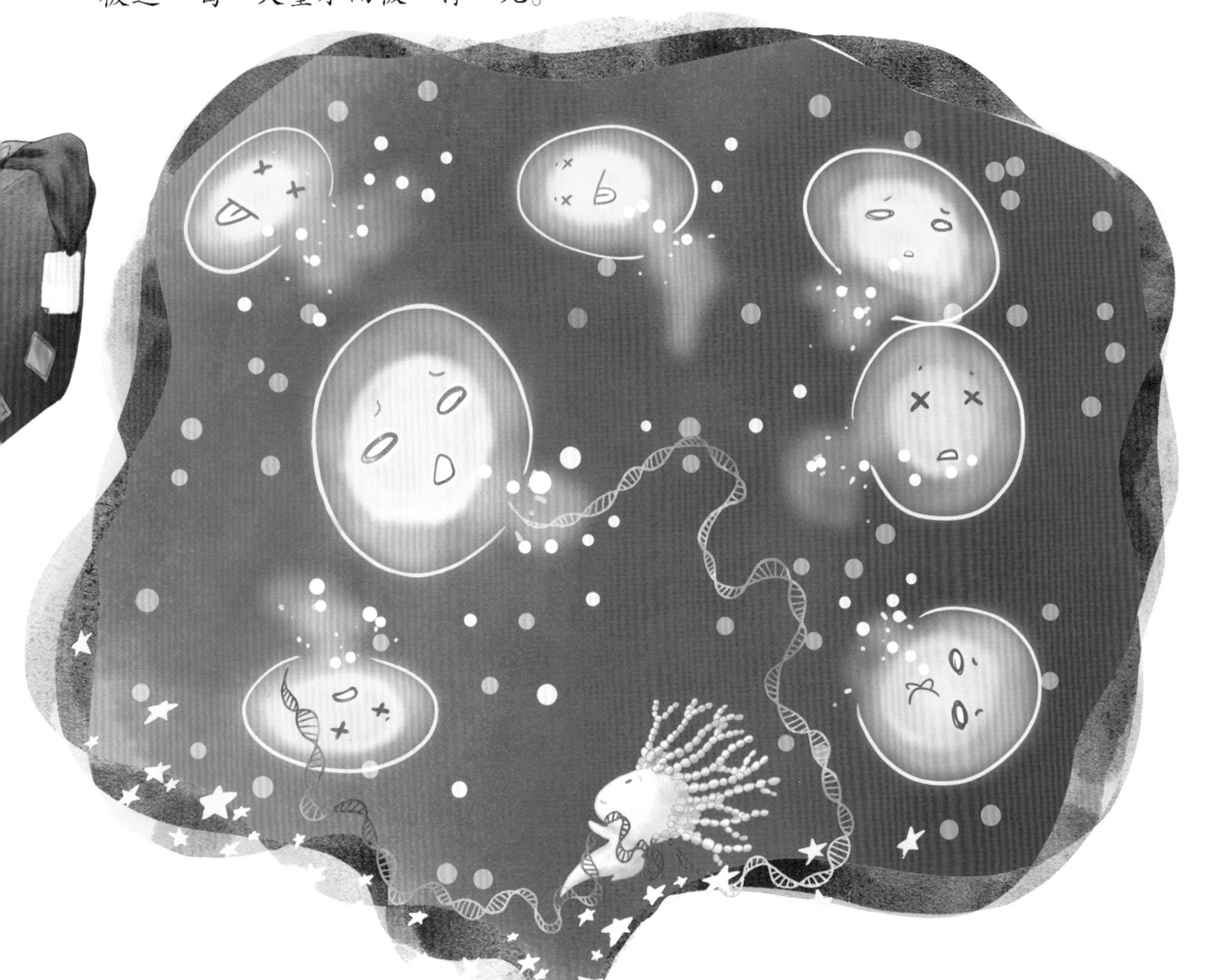

青霉素的问世，成为人类战胜感染性疾病历史中的里程碑事件。青霉素挽救了成千上万患者的生命，使人类的平均寿命延长了十多年。由于青霉素的发现，弗莱明和钱恩、弗洛里共同获得了1945年诺贝尔生理学或医学奖。

科技的进步给人类生活带来巨大的便利，但同时也制造出一些麻烦。塑料，就是让人们又爱又恨的一种存在。

塑料是“白色污染”的主力军，在方便人们生活的同时，塑料垃圾呈现井喷式的增长。在自然条件下，塑料的分解需要耗时百年以上，有些塑料的分解周期甚至超过千年。在这漫长的过程中，塑料会不断分解形成越来越细小的颗粒，并通过食物链的传递，在生物圈中恶性循环，渐渐侵入包括人类在内的各种生物体内。

塑料仅出现100多年，就已成为人们生活中举足轻重的角色：从食品包装袋、饮料瓶到农用地膜，从餐盒、水杯到雨衣、建材，塑料制品充斥在人们生活的每一个空间，并随着人类的足迹渗入地球的每一个角落。

掩埋和分类回收是人类应对塑料污染所做的努力，但面对井喷式的垃圾增长量，这样的“远水”又如何解得了“近渴”？人们真的对此一筹莫展吗？不！科学家发现了一种视塑料为美食的细菌，它们体内的水解酶尤其有助于“消化”塑料。但这种细菌生长得不够快，仅靠它们远不足以加快“消化”塑料的速度。于是，科学家通过基因工程技术，把能生产这种水解酶的降解基因转移到生长速度更快的细菌（如大肠杆菌）中，培养出了更多专门“吃”塑料的“大胃王”。有了降解基因，垃圾去无踪，生活更轻松！

基因让生命演化更有智慧

随着生命科学技术的不断创新、科研人员的不懈探索，基因带给生命世界的智慧令人类既惊喜又叹服。科学家从来不会止步于发现，创造美好生活才是他们的终极目标。解析基因智慧、利用基因智慧，人类的明天、世界的未来，一定会更加美好！

图书在版编目(CIP)数据

生命演化中的基因智慧 / 王友华，崔艳，刘博著；猫九绘. — 北京：科学普及出版社，2022.6
ISBN 978-7-110-10433-0

Ⅰ. ①生… Ⅱ. ①王… ②崔… ③刘… ④猫… Ⅲ. ①基因－少儿读物 Ⅳ. ①Q343.1-49

中国版本图书馆CIP数据核字(2022)第053767号

策划编辑	郑洪炜　牛　奕
责任编辑	郑洪炜
封面设计	猫　九
正文设计	猫　九
排版制作	金彩恒通
责任校对	张晓莉
责任印制	徐　飞

出　　版	科学普及出版社
发　　行	中国科学技术出版社有限公司发行部
地　　址	北京市海淀区中关村南大街 16 号
邮　　编	100081
发行电话	010-62173865
传　　真	010-62173081
网　　址	http://www.cspbooks.com.cn

开　　本	889mm×1194mm　1/16
字　　数	40 千字
印　　张	2.5
印　　数	1—5000 册
版　　次	2022 年 6 月第 1 版
印　　次	2022 年 6 月第 1 次印刷
印　　刷	河北鑫兆源印刷有限公司
书　　号	ISBN 978-7-110-10433-0/Q・276
定　　价	49.80 元